Bead
Creations

費莉莉的串珠魔法書

費莉莉 Lili Fei 著

和串珠美麗的邂逅

當我開始著手設計本書的作品時，腦中不時浮現出女性在不同的時間及場合，
希望展現不同的自我多樣風貌。所以書中的作品呈現的風味有的甜美有的浪漫，
有熱情的南洋風、神秘的異國民俗風，
有復古典雅的溫柔，更有低調的奢華……，這多變風格，
無不希望每位女性都能在不同的場合裡，展現不一樣的風采。

一直以來，串珠是我愛不釋手的嗜好，但在不知不覺中，串珠(飾品設計)已經成為我的工作，也成為
我生活中密不可分的一部份。

《費莉莉的魔法串珠書》是我的第二本書，而睽違一年多的這本書，給了我許多意外的收獲和體驗。
例如，跟著攝影師四處取景拍照，也因為有這樣的機會，讓我從鏡頭裡發現一個不一樣的世界：相
同的作品，常常因為角度的不同，而呈現出不同的畫面，這也似乎是再度提醒我凡事換個角度，就
會大不相同。而本次攝影師運用細膩的拍攝手法，將每一樣作品表達的淋漓盡致，讓整本書完整呈現
在讀者面前。

在和學生教學相長的日子裡，常常會有學生跟我說：因為學習串珠，使她們對生活有了重新的定
義，也讓她們對生命充滿熱情。

而我，也因為這一顆顆小小的珠子改變了我的生活。與串珠美麗的邂逅，讓我搖身一變，成了串珠
飾品設計師，還當了老師。也因此我不得不學習電腦，自己摸索攝影，而為了教日本學生，努力的
鑽研日文，還有因為做這本書，發現自己居然有畫插畫的潛力……

串珠，讓我實現許多夢想……我是串珠夢想家！

費 莉 莉

編輯室
報告

如何使用這本書

這是一本看起來華麗有特色的串珠書，做起來卻並不困難，簡單的閱讀完本文，你將會對自己充滿信心：是的，做出美麗串珠一點也不難！

動手做之前，一定要詳讀金屬零件和魚線編織的基礎技巧。

● 圖例和做法分開

本書共有44件作品，作品照片、材料說明和製作步驟圖是分開的，可以在開始製作之前，先翻看精美的作品圖，選好了自己喜歡的飾品，採買好材料，就可以依照作品的製作步驟，一步一步的大展身手。

● 材料和步驟說明

材料說明包括珠子的名稱 [大小/形狀/顏色]和數量，例如：[SW(施華洛世奇)水晶/5mm/角(尖角)/灰色] 數量5個。

● 圖片和符號英文縮寫

步驟說明圖的「★」為魚線編織的開始，「◆」為魚線編織的結束。也就是要打平結、藏結眼 (切記不能用傳統的方式拿打火機燒結尾)。接著就能完美的完成作品。「～～」為省略動作的圖形，也是反覆前一個動作之符號。英文SW為施華洛世奇水晶縮寫，在本書的T、9針標示的是長度(cm)，銅線則為粗細，除特別標示(0.2mm)除外，本書均使用0.5mm銅線，以及0.25mm的魚線。

contents
Bead Creations 目錄

p.22,23

p.12

p.42

p.06

p.31

p.18

p.45

p.09

p.39

p.50.51

p.73

p.60

p.87

p.65

p.76

p.88

01發現花園項錬

The
Necklace of
Garden
Discovery

珊瑚加上橄欖石與白色玻璃小珠搭配，

顯得青春洋溢。而在墜鍊的部份，

貝殼圓珠加上草莓水晶雕刻的玫瑰造型石，

凸顯了整個項鍊主題。簡單的設計，

調和的色彩，讓人感受到一股清新風。

※材料和做法請參照P.12。

The Ring of Garden Discovery

粉色玫瑰造型石與多樣化的素材搭配，

形成了華麗的邂逅，特殊的草莓菱形造型水晶，

大膽的與各式天然石結合，

而優雅的天然珍珠更在此展現她的風采。

※材料和做法請參照P.13。

03彩橙風華項鍊＋04彩橙風華耳環

The Necklace
& Earrings
of Elegance Orange

※浪漫的幻想，以珍珠與各式天然石所串起的復古風格，

搭配寶藍色的心情更顯現代時尚，彩橙石的點綴

緩和了蛋條項鍊的華麗設計，各式素材所串起的鍊墜，

加流水字型用法，讓你的浪漫的幻想就此實現。

粉色珍珠與花綠石在十字路口相遇，

彩橙石耳環墜的加入，增添了幾分華麗感，

而相互協調的顏色，讓人忍不住想多看她一眼。

※材料和做法請參照P.14～15。

05浪漫邱比特胸

The Pin
of Romantic
Cupid

鍊條，豐富曲線的韻律美感，

而多樣化的素材結合古銅別針與鐵鍊兩項元素，

於女性溫柔的優雅風韻中透露一絲不羈個性，

更凸顯豐富自信的品味。

※材料和做法請參照P.16。

06奢華巴洛克戒

The Ring of
Luxurious Baroque

特殊的菱形造型琉璃，獨特的形狀和顏色，

讓人看了一眼就難以忘懷。特別以日本造型管珠來凸顯主石，

加上大膽的運用橘和綠的對比色，以及古銅色水晶，

增加華麗感。而戒圍的設計緩衝了戒面的華麗，

使得整個戒指呈現出維多利亞浪漫的風情。

※材料和做法請參照P.17。

07古典巴洛克戒指
The Ring of
Classical Baroque

低調的墨藍色水晶，搭上古銅色水晶，

增加些許沉穩而內煉的時尚感，

而造型大膽的菱形造型琉璃，配上金藍色的螺旋管珠，

使得整個戒指散發出濃濃的維多利低調又奢華的風情。

08神秘巴洛克戒指
The Ring of
Mysterious Baroque

果凍綠的菱形造型琉璃，獨特的形狀和顏色，

添加現代感的設計元素。

而金色的施華洛世奇水晶與捷克藍彩綠水晶的搭配，

完全的融合這款極為出色的戒子

精緻的素材以及俐落簡潔的線條，

不但帶出宮廷般的奢華質感、

更可以將細緻柔嫩的手指完美襯托。

01發現花園項鍊

The Necklace of Garden Discovery

材料   materia

- 草莓晶［造型花］……1個
- 珊瑚［粉紅/碎］……30個
- 綠橄欖［碎］……8個
- SW水晶［5mm / 圓 / 綠］……1個
- 琉璃［4mm / 角 / 五彩］……30個
- 貝殼圓珠［2mm］……30個
- 玻璃珠［小 / 晶白］……214個
- 9針［2cm］……1個
- T針［2cm］……14個
- C圈……2個
- 擋珠……2個
- 雙凸……2個
- 問號扣頭……1個
- 延長鍊……1個
- 魚線……50cm×2條

延長鍊

擋珠

1 珊瑚和橄欖石如圖用T針折好。

9針

T針

5個

SW水晶5mm
×1

綠橄欖（碎）
× 8

珊瑚（碎）
× 6

2 如圖從★開始走線回穿貝殼珠至箭頭處。

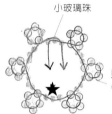

小玻璃珠

貝殼圓珠
（2mm）

問號扣頭

雙凸

五彩琉璃
（4mm）

第4段

3 如圖串入玫瑰造型石於◆處結束。

12個
小玻璃珠

12個

同右

第1段

◆
結束

4 將小玻璃珠、五彩琉璃和步驟1的天然石依圖的位置完成項鍊，最後連接上扣頭和延長鍊即完成。

02發現花園戒指

The Ring of
Garden Discovery

- 草莓菱型造型水晶 ……1個
- 綠橄欖［碎］……4個
- SW水晶［4mm / 角 / 灰］……4個
- SW水晶［5mm / 角 / 灰］……4個
- 琉璃陶珠［綠］……4個
- 天然珍珠［小米粒 / 白］……16個
- 天然珍珠［小米粒 / 粉］……2個
- 玻璃珠［特大 / 粉］……4個
- 玻璃珠［小 / 透明白］……62個
- 魚線……70cm

1

如圖從★開始走線至箭頭處。

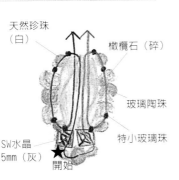

天然珍珠（白）
橄欖石（碎）
玻璃陶珠
特小玻璃珠
SW水晶 5mm（灰）
★開始

2

依走線繞戒面一周後至箭頭處。

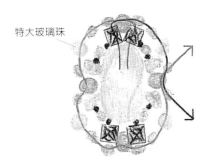

特大玻璃珠

3

加入2個SW4mm水晶後如圖走線編織戒圍至◆處結束。

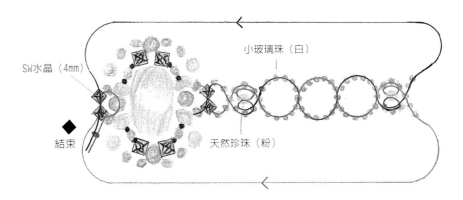

SW水晶（4mm）
小玻璃珠（白）
◆結束
天然珍珠（粉）

03彩橙風華項鍊

The Necklace
of Elegance Orange

材料　　　　material

- 彩橙石……1個
- 花綠石［4mm／圓］……14個
- 珊瑚［8mm／圓］……2個
- 天然珍珠［8mm／白］……1個
- 天然珍珠［5mm／白］……8個
- 天然珍珠［5mm／粉］……4個
- SW造型爪鑽水晶［15×7／寶藍］……4個
- SW水晶［5mm／角／墨藍］……4個
- SW水晶［4mm／角／墨藍］……6個
- 捷克水晶［3mm／藍綠彩］……22個
- 日本珠［三角／小／粉藍］……56個
- 玻璃珠［小／炫藍］……48個
- 玻璃珠［特小／炫藍］……12個
- 玻璃珠［小／灰］……72個
- 擋珠……2個　　· 雙凸……2個
- 問號扣頭組……1個　· 延長鍊……1條
- 魚線……80cm×3

1

如圖從★開始呈
8字形走線至箭
頭處。

花綠石

小玻璃珠

特小玻璃珠

彩橙石　開始

天然珍珠（白）

小玻璃珠

珊瑚（6mm）

捷克水晶

SW水晶（4mm）

日本三角珠

7　8　8　7　7　6　6　10　10　9　11　35

同右

◆
結束

2

用步驟1的餘線
如圖走線至◆處
結束。

3

起2條新的魚線如圖，
呈S形走線至雙凸處用
擋珠結束，連接上問號
扣頭和延長鍊即完成。

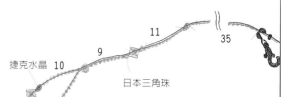

04彩橙風華耳環

The Earrings
of Elegance Orange

材料　　　　　material

- 彩橙石……2個
- 花綠石［4mm／圓］……8個
- SW水晶［4mm／角／墨藍］……4個
- 捷克水晶［3mm／藍綠彩］……16個
- 天然珍珠［小米粒／白］……8個
- 天然珍珠［5mm／淡橘］……4個
- 日本珠［三角珠／粉藍］……8個
- 玻璃珠［小／炫藍］……8個
- 魚線……50cm×2
- 魚勾耳針……2個

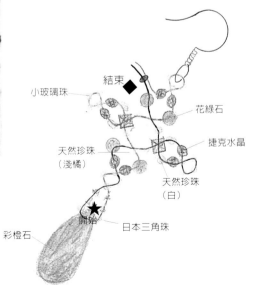

結束　◆

小玻璃珠

花綠石

捷克水晶

天然珍珠
（淺橘）

天然珍珠
（白）

★ 開始

日本三角珠

彩橙石

1
如圖從★開始呈
S形走線至◆處
結束。

2
最後連接上魚勾
耳針即成。

05浪漫邱比特胸針
The Pin of Romantic Cupid

材料　　　　　　　material

- 造型花朵［綠］……2個
- 橄欖石［碎］……4個
- 天然珍珠［小米粒 / 白］……9個
- 水滴珠［透明］……4個
- 水滴珠［淺紫］……2個
- 玻璃珠［小 / 金黃］……12個
- 玻璃珠［小 / 淺紫］……9個
- 玻璃珠［特小 / 咖啡］……22個
- 9針［2cm］……7個
- C圈……5個
- 銅線［0.2］……50cm
- 金屬鍊……7cm
- 別針……1組

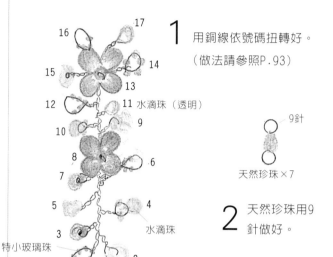

16　17

15　14

13

12　11 水滴珠（透明）

10　9

8　　　　6

7

5　　　4

3　　水滴珠

特小玻璃珠

1　　2

小玻璃珠　　橄欖石

1 用銅線依號碼扭轉好。
（做法請參照P.93）

9針

天然珍珠×7

2 天然珍珠用9針做好。

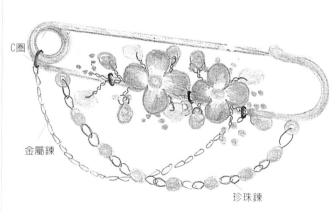

C圈

金屬鍊

珍珠鍊

3 如圖的位置用C圈將作好的步驟1和金屬鍊、珍珠鍊連接好即完成。

06奢華巴洛克戒

The Ring of Luxurious Baroque

材料　　　　　　　　material

- ·菱形琉璃［金邊 / 橘］……1個
- ·日本造型管珠［4分 / 銀灰］……4個
- ·SW水晶［4mm / 角 / 金膽］……8個
- ·琉璃［4mm / 圓 / 橘］……4個
- ·玻璃珠［小 / 綠］……32個
- ·玻璃珠［小 / 金黃］……50個
- ·魚線……60cm

1 如圖從★開始走線，依序穿入玻璃珠、管珠。

小玻璃珠

開始

日本造型管珠

2 接續步驟1的魚線，如圖走線至箭頭處，戒面就完成了。

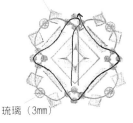

SW水晶（4mm）

琉璃（3mm）

3

接續步驟2的魚線，如圖呈8字型走線至◆處結束。

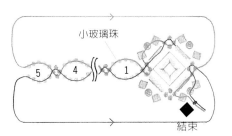

小玻璃珠

結束

07古典巴洛克戒指

The Ring of Classical Baroque

- ·菱形琉璃［金邊 / 藍］……1個
- ·日本造型管珠［4分 / 銀灰］……4個
- ·SW水晶［4mm / 角 / 金膽］……8個
- ·琉璃［4mm / 圓 / 藍］……4個
- ·玻璃珠［小 / 霧咖］……32個
- ·玻璃珠［小 / 炫藍］……50個
- ·魚線……60cm

08神秘巴洛克戒指

The Ring of Mysterious Baroque

- ·菱形琉璃［果凍綠］……1個
- ·日本造型管珠［4分 / 銀綠］……4個
- ·SW水晶［4mm / 角 / 金膽］……8個
- ·捷克水晶［3mm / 圓 /藍彩綠 ］……4個
- ·玻璃珠［小 / 霧咖］……32個
- ·玻璃珠［小 / 炫綠］……50個
- ·魚線……60cm

Graceful
Wrist Watch

沉穩黑色的施華洛世奇水晶，釋放出內斂的因子，

紅色瑪瑙以及綠色的造型琉璃的點綴，

似乎在平穩及花俏中找到一個平衡，

結合手錶的鍊帶設計營造出動人優雅的復古曲調，

讓手錶超越了時間的光譜。

09雅漾手錶

Graceful Wrist Watch

材料　　　　　　　　　material

- 日本機芯錶頭+錶扣……1組
- SW水晶 [6mm ／ 橄欖綠]……2個
- SW水晶 [5mm ／ 灰]……8個
- SW水晶 [4mm ／ 灰]……4個
- SW水晶 [4mm ／ 黑]……22個
- SW水晶 [3mm ／ 黑]……4個
- 琉璃 [4×3圓扁 ／ 黑]……8個
- 造型捷克水晶 [8mm ／ 橄欖綠]……2個
- 瑪瑙 [4mm ／ 圓 ／ 紅]……8個
- 玻璃珠 [小 ／ 黑]……28個
- 玻璃珠 [特小 ／ 銀白]……40個
- 魚線……80cm×2

1 如圖從★處將魚線先穿過錶頭，呈8字形走線至錶扣箭頭處。

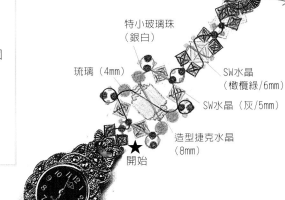

特小玻璃珠（銀白）

琉璃（4mm）

SW水晶（橄欖綠/6mm）

SW水晶（灰/5mm）

造型捷克水晶（8mm）

★ 開始

2 步驟1完成後，同一邊繞過錶扣，依走線加入珠子至錶頭◆處結束。

小玻璃珠

◆ 結束

SW水晶（黑/4mm）

10星心相鍊

Elegance Star
Necklace

材料　　　　　　　　　material

- SW水晶［5mm角 / 墨藍］……13個
- 碎石粉晶……14個
- 造型粉晶……4個
- 珍珠［6mm］……8個
- 玻璃珠［小 / 復古灰藍］……16個
- 9針［2cm］……9個
- 9針［3cm］……2個
- 金屬鍊……50cm
- C圈……4個
- 問號扣頭……1個
- 魚線……120cm
- 延長鍊……1條

1

如圖用9針做好。

SW水晶
（墨藍）
×5

橢圓粉晶
×4

粉晶（碎）
×2

2

如圖從★開始走
線至箭頭處。

開始

橢圓粉晶

延長鍊

C圈

金屬鍊15cm

問號扣頭

4

將步驟1的天然石依位
置連接上金屬線，最後
C圈連接上問號扣頭和
延長鍊即完成。

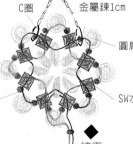

9針

金屬鍊3cm

3

如圖呈8字形走線
至◆處結束。

C圈

金屬鍊1cm

圓扁天然珍珠

玻璃珠
（復古灰藍/小）

SW水晶（墨藍）

◆
結束

10星心相鍊

Elegance Star Necklace

太陽般的墜鍊，彷彿陽光照耀著，

粉色珍珠與墨藍色的施華洛世奇的搭配，

讓人感到平和與智慧，而黑色的鍊條繫著多變的

水晶造型，兩者的相互配合，更增添不少韻味。

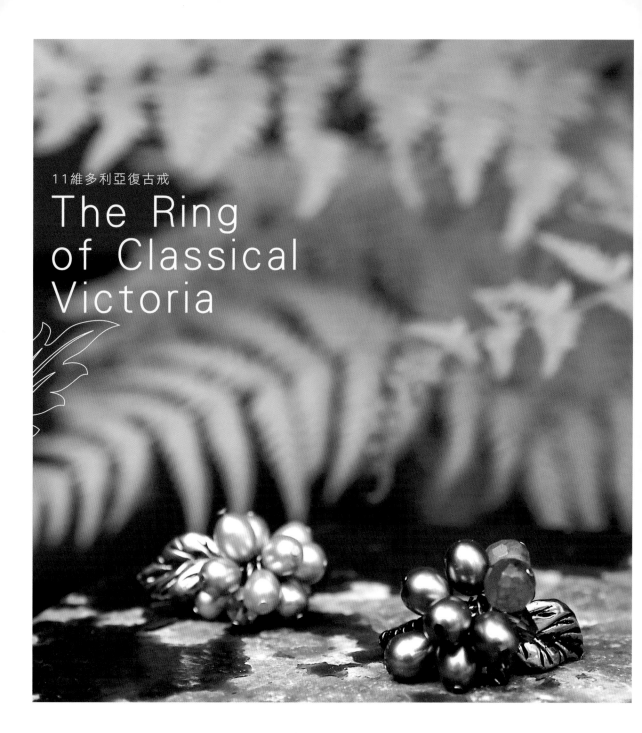

11維多利亞復古戒
The Ring
of Classical
Victoria

The Ring of Romantic Victoria

百變的珍珠與天然石的結合，

讓人彷彿重回了純真年代，

而浪漫、柔美的維多利亞風格，

宣示出嶄新女性的復古情懷，典雅且迷人。

23

11維多利亞復古戒
The Ring of Classical Victoria

材 料　　　　　　　material

- 天然珍珠［6mm／灰］……6個
- 閃光石［6mm／圓／墨綠］……2個
- SW水晶［5mm／角／灰］……2個
- 鍍銀造型葉片……1個
- 玻璃珠［小／藍］……35個
- T針［2cm］……11個
- 戒圈……1個

鍍銀銀飾
造型葉片×1

SW水晶　　　　　天然淡珍珠
（5mm角/灰）　　　×6
×2

1 將天然珍珠和SW水晶、葉片用T針折好。

2 戒圈單邊如圖折圓。

約35個

3 穿入小玻璃珠後亦折圓收尾。

4 將步驟1全部連接上戒圈即完成。

12維多利亞浪漫戒
The Ring of Romantic Victoria

　　　　　天然淡珍珠　　SW水晶（五彩）
　　　　　×8　　　　　×3

銀飾造型葉片×1

材 料　　　　　　　material

- 天然珍珠［6mm／粉紅］……9個
- SW水晶［5mm／圓／五彩］……3個
- 鍍銀造型葉片……1個
- T針［2cm］……13個
- 戒圈……1個
- 玻璃珠［小／透明］……41個

1 將天然珍珠和SW水晶、葉片用T針折好。

2 戒圈單邊如圖折圓。

約35個

3 穿入小玻璃珠後亦折圓收尾。

4 將步驟1全部連接上戒圈即完成。

·水晶和日本進口珠

本書的珠子，運用廣泛，包括各類的天然礦石、水晶、琉璃、天然淡水珍珠、日本進口的管狀珠和大小的玻璃珠等素材。在本書運用到的水晶多以施華洛世奇和捷克水晶為主，施華洛世奇的水晶以精美的切工和品質聞名，捷克水晶則以多種造型水晶取勝。而日本進口的不同尺寸的玻璃珠、三角珠、管珠，水滴珠等因顏色豐富，材質眾多，更是串珠作品上穿針引線的一大要角。

01琉璃	02捷克造型葉片	03日本管珠	04琉璃	05造型珠
06琉璃陶珠	07瑪瑙	08琉璃陶珠	09造型琉璃	10造型花朵
11造型琉璃	12日本三角珠	13琉璃（圓）	14木珠	15造型琉璃
16玻璃珠	17捷克水晶			

通常看到我的作品的人，

大多會覺得製作串珠飾品難度很高，

其實製作起來並不如一般人所想困難；

只要掌握住基本做法，就能暢行無阻。

串珠飾品多以走線圖來表示做法，

而我的作品通常除了一般人較熟悉的魚線編織外，

還結合了T針、9針和金屬線的運用。

初學者最大的困擾，是看不懂走線圖，

在本書的走線圖畫有黑紅2線，

費莉莉帶你入門玩串珠

只要記得有交叉動作後，左邊就是左線、

右邊就是右線這個訣竅，就不會搞混。

再來就是要準備基本的鉗子工具(本書P.69頁有介紹)，

尤其T、9針的製作技巧要先學會，

魚線和金屬零件的結尾處理也須確實做好，

掌握了魚線的8字形編織、T、9針和結尾處理這三點基本技巧，

你就能開始依圖畫葫蘆，大顯身手了。

另外我建議初學者先從本書看得懂的走線圖作品開始製作，

搭配書中的材料包完成作品後

再挑戰下一個作品。

13神秘民族風項鍊

The Necklace of distinctive national features

素材特殊的牛油石，搭配著的各式各樣天然石，

別緻而充滿新意，有著復古的懷舊氣息。

13 神秘民族風項鍊

The Necklace of distinctive national features

材料　material

- ・牛油石……1個
- ・澳洲松石［碎］……9個
- ・瑪瑙［6mm／圓／紅］……1個
- ・瑪瑙［4mm／圓／紅］……1個
- ・紅瑪瑙［碎］……9個
- ・綠橄欖［碎］……2個
- ・白水晶［碎］……3個
- ・琉璃陶珠［4mm／綠］……2個
- ・琉璃陶珠［5mm／白］……1個
- ・琉璃陶珠［8mm／淺綠］……2個
- ・9針［2cm］……7個
- ・9針［3cm］……1個
- ・T針［2cm］……8個
- ・金屬鍊［細］……35cm
- ・C圈……2個
- ・問號扣頭組……1個
- ・延長鍊……1條

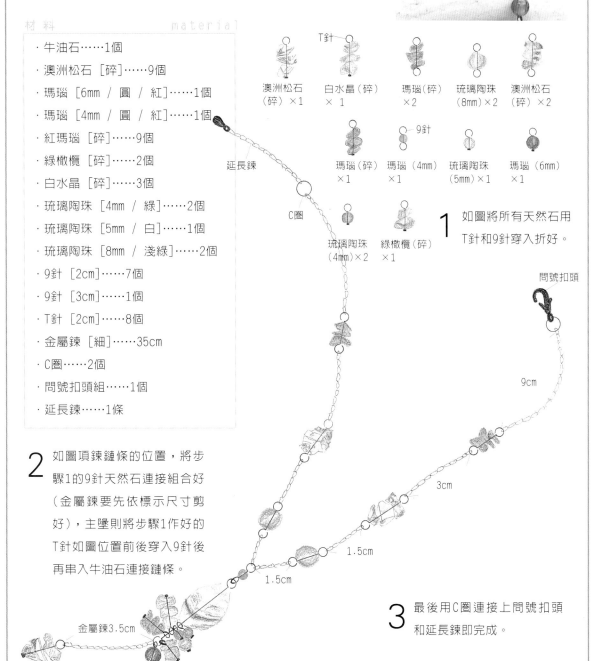

澳洲松石
（碎）×1

T針

白水晶（碎）
× 1

瑪瑙（碎）
×2

琉璃陶珠
（8mm）×2

澳洲松石
（碎）×2

瑪瑙（碎）
×1

9針

瑪瑙（4mm）
×1

琉璃陶珠
（5mm）×1

瑪瑙（6mm）
×1

琉璃陶珠
（4mm）×2

綠橄欖（碎）
×1

1 如圖將所有天然石用T針和9針穿入折好。

延長鍊

C圈

問號扣頭

9cm

3cm

1.5cm

1.5cm

金屬鍊3.5cm

2 如圖項鍊鍊條的位置，將步驟1的9針天然石連接組合好（金屬鍊要先依標示尺寸剪好），主墜則將步驟1作好的T針如圖位置前後穿入9針後再串入牛油石連接鍊條。

3 最後用C圈連接上問號扣頭和延長鍊即完成。

14愛鍊土耳其

The Necklace of Turkish Style

材料　　　　　　　material

- 非洲松石……1個
- 土耳其石［圓扁］……1個
- 孔雀石［碎］……24個
- 瑪瑙［6mm／圓／黑］……1個
- 琉璃［4X6／黑］……1個
- 瑪瑙［不規則／黑］……2個
- 瑪瑙［不規則／紅］……1個
- 瑪瑙［碎／紅］……2個
- 瑪瑙［圓／橘黃］……1個
- 玻璃珠［小／黑］……2個
- 9針［2cm］……7個
- 9針［4cm］……1個
- T針［2cm］……7個
- C圈……2個
- 問號扣頭……1個
- 金屬鍊……50cm
- 延長鍊……1條

2 如圖項鍊鏈條的位置，將步驟1的9針天然石連接組合好（金屬鍊要先依標示尺寸剪好），主墜則將步驟1作好的T針如圖位置前後穿入9針後再串入牛油石連接鏈條。

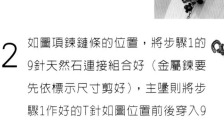

18cm

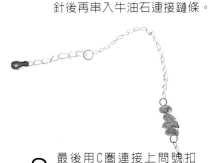

3 最後用C圈連接上問號扣頭和延長鍊即完成。

3cm

2cm

小玻璃珠/
土耳其石
×1

2cm

1 如圖將所有天然石用T針和9針穿入折好。

孔雀石
×2

黑瑪瑙
（不規則橢圓）
×2

孔雀石
×2

紅瑪瑙
（不規則橢圓）
×1

孔雀石×1

黑瑪瑙
（6mm）
×1

琉璃（4×6）
×1

瑪瑙
（橘黃）
×1

孔雀石×1

瑪瑙（碎）
×1

非洲松石

30

14 愛鍊土耳其

The Necklace
of Turkish Style

以神秘感濃厚的非洲松石為主題，

精緻的串珠手法，隱約蘊含著深厚的民族風情，

再以各式天然石細膩串連，展現出女性的婉約風情。

The Necklace of Brilliant Lazurite

黑色與香檳色的結合，讓人有一股低調而復古的優雅氣質，

而琉璃與水晶，完美的組合，營造出現代華麗時尚風格

16晶炫琉璃戒指

The Rings of
Brilliant Lazurite

高貴、神秘的戒面，讓人一看就愛不釋手，

捷克水晶及琉璃將華麗的

仕女高雅氣質，展現的淋漓盡致。

15晶炫琉璃項鍊

The Necklace of Brilliant Lazurite

材料　　　　　material

- ・琉璃 [10mm / 圓 / 黑]……1個
- ・琉璃 [4×3 / 黑]……8個
- ・捷克水晶 [5mm / 香檳]……10個
- ・油珠 [4mm / 香檳]……16個
- ・玻璃珠 [小 / 霧黑]……192個
- ・玻璃珠 [大 / 黑]……24個
- ・擋珠……2個
- ・雙凸……2個
- ・問號扣頭……1個
- ・延長鍊……1條
- ・魚線……100cm

1

如圖從★開始呈8字
形走線至箭頭處。

捷克水晶5mm

大玻璃珠

★

2

穿入主石後如圖走
線，繞內圈一圈後
至◆處結束。

水晶珍珠4mm

結束

◆

捷克水晶5mm

琉璃圓扁4×3

油珠

小玻璃珠8個
（霧黑）

3

新起線如圖，依序穿入珠子至
雙凸處結束，連接上問號扣頭
和延長鍊即完成。

16晶炫琉璃戒指

The Rings
of Brilliant Lazurite

材 料　　　　　　　material

- 琉璃［5mm圓 / 黑］……1個
- 琉璃［4×3 / 黑］……8個
- 捷克水晶［5mm /香檳］……8個
- 油珠［3mm / 香檳］……8個
- 玻璃珠［小 / 霧黑］……38個
- 玻璃珠［大 / 黑］……24個
- 魚線……100cm

1

如圖從★開始呈8字
形走線至箭頭處。

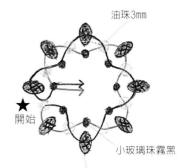

油珠3mm

★
開始

小玻璃珠霧黑

琉璃圓扁

2

穿入主石後如圖走
線，繞內圈一圈後再
走線繞外圈一圈後至
箭頭處。

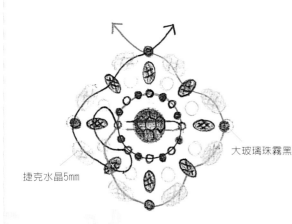

大玻璃珠霧黑

捷克水晶5mm

3

接續步驟2的線呈S形
走線完成戒圍至◆處
結束。

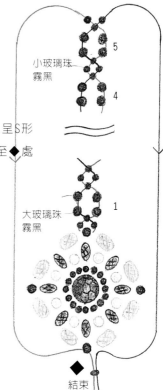

小玻璃珠
霧黑

5

4

大玻璃珠
霧黑

1

◆
結束

17古典奢華風耳環

Classical
Luxurious
Earrings

日本的玻璃小珠，隱約蘊含著中世紀的宗教味道，

而復古的維多利亞風格也一併現芳蹤，

低調的奢華總讓人喜愛。

17古典奢華風耳環

Classical Luxurious Earrings

- 花帽蓋……2個
- 古銅銀飾……2個
- SW水晶［4mm／角／橄欖綠］……8個
- SW水晶［6mm／角／黑］……2個
- 水滴珠［復古綠］……16個
- 磨砂珠［10×13］……2個
- 玻璃珠［小／古銅綠］……96個
- 玻璃珠［大／古銅綠］……112個
- 9針［2cm］……2個
- T針［3cm］……2個
- 魚勾耳針［黑］……2個
- 魚線……60cm×2

1 將小玻璃珠，大玻璃珠、水滴珠和SW水晶如圖回穿至磨砂珠完成第一段。

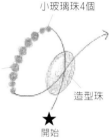

小玻璃珠4個

大玻璃珠6個

造型珠

★ 開始

2 將步驟1反覆做4段直到包覆磨砂珠後結束。

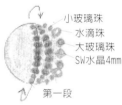

小玻璃珠
水滴珠
大玻璃珠
SW水晶4mm

第一段

9針

SW水晶（6mm）

花帽蓋

T針

古銅銀飾

3 用9針將水晶折好。

4 如圖用T針穿入古銅銀飾和做好的步驟2，再穿入用尖嘴平口鉗夾成傘型的花帽蓋，最後連接上步驟3和魚勾耳針即完成。

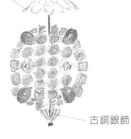

18秋之漫舞項鍊

Autumn in Paris
Necklace

透過銅線的編織，將色彩分明的素材串連了起來，而特殊的變形

珍珠在浪漫的紫色系稱托下，流露出高貴典雅的女性風情。

19秋之漫舞耳環
Autumn in Paris Earrings

浪漫紫色迷霧帶給你入秋後想像的羽翼，

讓你增添一股優雅新魅力，百變的銅線技法，

可以讓你恣意改變造型，配合好心情。

18秋之漫舞項鍊

Autumn in Paris Necklace

材 料　　　material

- 變形珍珠 ［鐵灰］⋯⋯2個
- 造型琉璃珠 ［紫晶］⋯⋯2個
- 造型琉璃珠 ［扇形切面］⋯⋯1個
- 天然珍珠 ［8×8不規則 / 粉橘］⋯⋯4個
- 天然珍珠 ［8mm / 粉］⋯⋯3個
- 天然珍珠 ［5mm / 白］⋯⋯14個
- 天然珍珠 ［小米粒 / 白］⋯⋯2個
- 琉璃 ［3mm / 圓 / 藍］⋯⋯4個
- 琉璃 ［4mm / 角 / 粉紫］⋯⋯4個
- 日本珠 ［三角 / 粉橘 / 大］⋯⋯15個
- 日本珠 ［三角 / 粉藍 / 小］⋯⋯20個
- 黑銅線 ［0.5mm］⋯⋯20×3cm
- 黑銅線 ［0.5mm］⋯⋯10×2cm
- 黑銅線 ［0.5mm］⋯⋯25×8cm
- C圈⋯⋯2個
- 問號扣頭⋯⋯1組
- SW水晶 ［4mm角 / 淺咖啡］⋯⋯1個
- 延長鍊⋯⋯1條

天然珍珠　天然珍珠　琉璃　　天然珍珠
（白/5mm）　（粉橘/8mm)/（10mm）（白）×2
×14　　　日本三角珠　×2
　　　　　×2

變形珍珠

造型琉璃　日本三角珠　日本三角珠　天然珍珠
×1　　　　×2　　　　×2　　　（8mm)×2

製作方法
請參考P.93

琉璃（3mm)　琉璃（4mm)　天然珍珠
×3　　　　×1　　　（粉/6mm）×3

1

如圖用銅線、T針、9針將所有天然石做好。

2

用銅線依號碼扭轉好。

5

3

4

2　1

同耳環做法

3

依圖位置將所有天然石連接好成項鍊，最後用C圈連接上問號扣頭和延長鍊即完成。

問號扣頭

同上

C圈

延長鍊

40

19秋之漫舞耳環

Autumn in Paris Earrings

- 天然珍珠［6mm／粉紅］……2個
- SW水晶［4mm／角／淺珈］……2個
- 琉璃［4mm／角／淺紫］……2個
- 琉璃［3mm／圓／墨藍］……4個
- 日本珠［三角／大／粉橘］……6個
- 日本珠［三角／小／粉藍］……8個
- 黑銅線……30cm×2條
- T針［2cm］……6個
- 魚勾耳針［黑］……2個

1

如圖用T針將琉璃、珍珠做好。

琉璃
（3mm）
×2

SW水晶
（4mm）
×2

天然
珍珠
×2

2

依數字順序扭轉銅線至完成6。（扭轉金屬線做法請參照P.95）

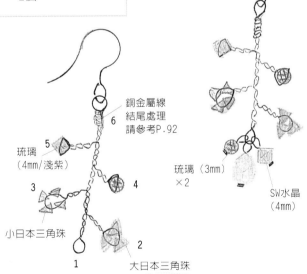

魚勾耳針

銅金屬線
結尾處理
請參考P.92

琉璃
（4mm／淺紫）

小日本三角珠

大日本三角珠

琉璃（3mm）
×2

SW水晶
（4mm）

3

將步驟1的琉璃、珍珠和魚勾耳針連接上做好的步驟2的位置1即成。

20時尚經典胸針

The Fashion
Classical Brooch

回歸到簡樸本質，黑與白的質感表現，

極具創意，巧妙與彩繪造型珠及

各式琉璃珠搭配，優雅的呈現貴族氣質。

20時尚經典胸針

The Fashion Classical Brooch

材 料　　　material

- 彩繪造型珠[10mm / 圓]……1個
- 彩繪造型珠[不規則]……16個
- SW水晶 [4mm角 / 金膽]……8個
- 琉璃 [5×4 / 黑]……8個
- 琉璃 [4×3圓扁 / 黑]……8個
- 玻璃珠 [小 / 古銅]……24個
- 玻璃珠 [大 / 古銅]……32個
- 玻璃珠 [小 / 黑]……8個
- 玻璃珠 [小 / 米白]……192個
- 銅線[0.5cm]……60cm
- 魚線……80cm
- 蜂巢底座……1組

1 如圖從★處開始，依8字形編織至箭頭處。

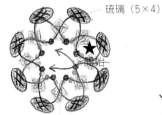

琉璃（5×4）

★開始

結束

◆

SW水晶（金膽）

2 接續步驟1的線繞玻璃小珠一圈後穿入造型珠至◆處結束。

3

小玻璃珠×10

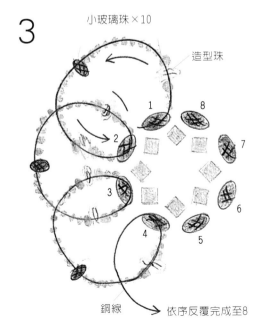

造型珠

1
8
7
2
6
3
5
4

銅線

依序反覆完成至8

4 用魚線如圖穿過蜂巢底座和胸針。

5 再往底座方向穿出，反覆此動作直到胸針固定在底座上。

6 縫製動作結束後，如圖打結結束。

7 裝上胸針底座。

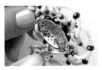

8 用平口尖嘴鉗將底座的4個爪子往內夾緊即成。

21紫色魔鍊

The Purple Necklace of Magic Power

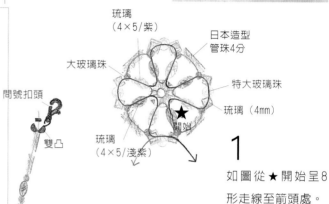

材料　　　　　material

- 爪鑽 [8mm ／ 白]……1個
- 琉璃 [4×5 ／ 淺紫]……4個
- 琉璃 [4×5 ／ 紫]……10個
- 琉璃 [4mm角 ／ 淺紫]……20個
- 玻璃珠 [特大 ／ 晶紫]……10個
- 玻璃珠 [大 ／ 紫]……20個
- 日本造型管珠 [4分]……34個
- 擋珠……2個
- 雙凸……2個
- 問號扣頭……1個
- 魚線……100cm
- 延長鍊……1個

琉璃
（4×5／紫）

日本造型
管珠4分

大玻璃珠

特大玻璃珠

琉璃（4mm）

★開始

琉璃
（4×5／淺紫）

問號扣頭

雙凸

1

如圖從★開始呈8
形走線至箭頭處。

琉璃
（4×5）

2

以步驟1的餘線穿過項鍊
墜周邊至琉璃和玻璃特大
珠處交叉。

大玻璃珠

日本造型
管珠4分

琉璃（4mm）

特大玻璃珠

擋珠

延長鍊

3

如圖鍊條部份穿入珠子至雙凸
處，以擋珠結尾連接上問號扣頭
和延長鍊即完成。

The Purple Ring of Magic Power

紫色的氛圍，在手指間漫延，

顏色深淺變化，呈現立體感，

而畫龍點睛的爪鑽，宛如女人美麗的眼神。

The Purple Necklace of Magic Power

在浪漫織成的空氣中，享受微風吹拂，

紫色的迷戀彷彿一一呈現，爪鑽的光芒

勾勒了整條項鍊的靈魂，沉穩的表現誘人魅力。

22紫色魔戒

The Purple Ring
of Magic Power

材料　　　　　　　material

- 爪鑽［8mm ／ 白］……1個
- 琉璃［4×5 ／ 淺紫］……4個
- 琉璃［4×5 ／ 紫］……4個
- 琉璃［4mm ／ 角 ／ 淺紫］……8個
- 玻璃珠［特大 ／ 晶紫］……4個
- 玻璃珠［大 ／ 紫］……28個
- 造型管珠［3分］……16個
- 魚線……60cm

1 如圖從★開始呈8字
形走線至箭頭處。

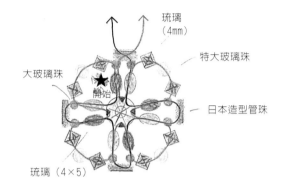

琉璃
（4mm）

特大玻璃珠

大玻璃珠

開始

日本造型管珠

琉璃（4×5）

2 接續步驟1的線穿過管珠和大玻璃
珠如圖從1編到5完成戒圍後繞至戒
面穿外圍一圈後於◆處結束。

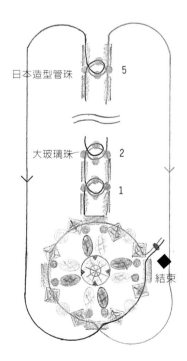

日本造型管珠　　5

大玻璃珠　　2

1

結束

天然素材&琉璃

Beads&
Stones
Value

在這本書裡，大家一定發現我運用許多天然素材和琉璃。天然素材自然生成的色澤和礦物質所產生的獨特風格，
運用在串珠作品上，常因原石的形狀和獨有的特性，讓作品呈現內斂神秘的氣質及高級感。而琉璃是近一年來可
運用的新素材，裡過人工特殊的切割和電鍍，有許多造型形狀，讓串珠飾品設計更添風彩。

01白水晶	02瑪瑙	03芝麻翠玉	04亞瑪遜石
05橄欖石	06綠東菱玉	07紫水晶	08非洲松石
09牛油石	10彩橙石	11土耳其石	12黑瑪瑙
13施華洛世奇水晶	14造型貝殼珠	15珊瑚	16天然珍珠
17天然變形珍珠	18水晶爪鑽	19造型草莓晶	20粉晶
21珊瑚	22瑪瑙	23施華洛世奇水晶	24馬眼水晶爪鑽

我的學生裡不乏魚線編織技術高超的日本朋友和台灣的串珠愛好者，

學生們在作品即將完成時，正確完美的打結方式和判斷結眼的位置，

通常會因為難以掌握而忽略，而這往往是呈現完美作品時最重要的一環。

再則T、9針的製作，金屬線和五金零件的運用也是普遍被忽略和陌生的，

想要讓作品跳脫傳統，成為時尚飾品，就必須每個環節要求精準、確實掌握，

這是想成為串珠高手必須有的自我要求訓練。

在製作串珠飾品裡，魚線編織居主導地位，

而所有的編織變化，如花型、球型，都是從基本的8字型延伸，

費莉莉和高手過招

所以想要成為高手的你，

一定得將魚線的編織邏輯融會貫通，方可暢行無阻。

高手就是已跳脫模擬作品的階段，

如何運用素材、了解素材的特性，顏色搭配得宜、確實掌握製作作品的重點，

這也是高手們該精進的地方。

串珠的顏色、形狀、大小有相當多的變化，

往往同樣的做法，卻因為不同的素材運用而有完全不一樣的風格，

希望每一位串珠好手，都能善用素材、激發創意、大玩顏色，

優遊於串珠世界，樂此不疲。

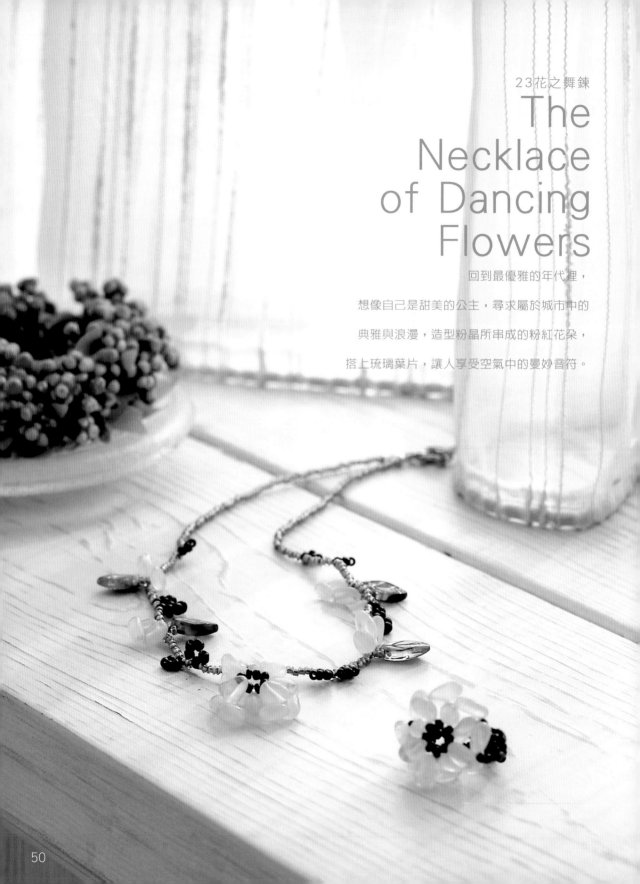

The
Necklace
of Dancing
Flowers

回到最優雅的年代裡,

想像自己是甜美的公主,尋求屬於城市中的

典雅與浪漫,造型粉晶所串成的粉紅花朵,

搭上琉璃葉片,讓人享受空氣中的曼妙音符。

The ring of
Dancing Flowers

造型粉晶的質感，晶瑩剔透，

不規則的橢圓形所串出的花朵，

總是讓人充滿驚奇。

23花之舞鍊

The Necklace of Dancing Flowers

材料　　　　material

- ·造型粉晶……28個
- ·琉璃葉片［綠］……2個
- ·琉璃葉片［淺咖啡］……2個
- ·玻璃珠［小／黑］……52個
- ·玻璃珠［大／黑］……15個
- ·玻璃珠［小／晶綠］……254個
- ·擋珠……2個
- ·雙凸……2個
- ·問號扣頭組……1個
- ·延長鍊……1條
- ·魚線……120cm

1

如圖從★開始走線至箭頭處。

延長鍊

擋珠

問號扣頭

雙凸

小玻璃珠晶綠約60個

2

如圖呈8字形走線，至箭頭處。

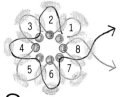

4

如圖走線分別穿入玻璃小珠、粉晶、琉璃葉片至雙凸處結束，連接上問號扣頭和延長鍊即完成。

11

同右

大玻璃珠

小玻璃珠

8

10

3

8

8

3

3

接續步驟2的線至箭頭處。

小玻璃珠　　　粉晶

10

3

24花之舞戒

The ring of Dancing Flowers

材 料   material

- 造型粉晶［橢圓］……16個
- 玻璃珠［小／黑］……約63個
- 魚線……60cm
- 延長鍊……1條

1 如圖從☆開始走線至箭頭處。

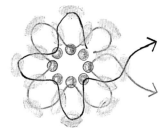

2 如圖呈8字形走線，至箭頭處。

3 將步驟2的餘線如圖走線至7處後穿回粉晶至◆處結束。

結束

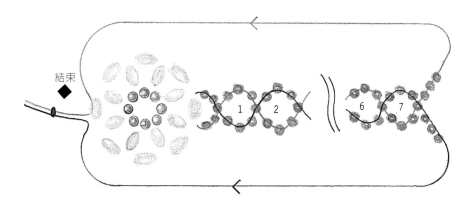

25仙度瑞拉項鍊

Cinderella's
Necklaces

柔和的蛋白色施華洛世奇，

與造型貝殼結合而成的立體串珠造型，

讓人眼睛為之一亮，

加上水藍色的琉璃水滴讓整條項鍊比例更加協調。

26仙度瑞拉耳環
Cinderella's Earrings

施華洛世奇與造型貝殼搭配而成的水滴式耳環，

蛋白色與水藍色的結合，

柔和的串珠設計，讓你成為眾人注目的焦點。

25仙度瑞拉項鍊
Cinderella's Necklaces

- ・SW水晶［6mm ／ 角 ／ 蛋白］……4個
- ・SW水晶［5mm ／ 角 ／ 蛋白］……2個
- ・SW水晶［4mm ／ 角 ／ 淺藍］……4個
- ・塑膠水晶［6mm ／ 角 ／ 透明］……2個
- ・造型貝殼……8個
- ・水滴琉璃［藍］……1個
- ・琉璃［4mm ／ 角 ／ 五彩蛋白］……4個
- ・水藍石［3mm ／ 圓］……8個
- ・玻璃珠［小 ／ 藍］……16個
- ・玻璃珠［小 ／ 乳白］……206個
- ・問號扣頭組……1個
- ・9針［2cm］……2個
- ・9針［3cm］……1個
- ・擋珠……2個
- ・雙凸……2個
- ・銅線……15cm
- ・魚線……60cm
- ・延長鍊……1個
- ・問號扣頭……1個

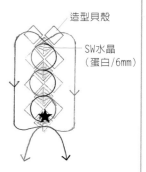

1

如圖從★開始呈8字形走線至箭頭處。

造型貝殼

SW水晶（蛋白/6mm）

2

如圖於造型貝殼間加入小玻璃珠後至◆處結束。

小玻璃珠

同右

◆ 結束

3

鍊條部份依序穿入珠子至雙凸處結束，連接上問號扣頭和延長鍊即完成。

20

15

SW水晶（淺藍/4mm）

8

5

琉璃（五彩蛋白）

5

小玻璃珠（乳白）

15

水藍石（3mm）

8

琉璃（五彩蛋白）

5

SW水晶（蛋白/5mm）

10

5

塑膠水晶（6mm）

卡入主墜

水滴琉璃

SW水晶（蛋白/6mm）

9針

銅線（製作方法請參照P.92）

26仙度瑞拉耳環

Cinderella's Earrings

- · SW水晶［6mm角 / 蛋白］……4個
- · 造型貝殼……4個
- · 玻璃珠［小 / 藍］……18個
- · 水滴琉璃［藍］……2個
- · 鐵絲［細］……15cm×4條
- · 魚勾耳針……2個
- · 魚線……60cm

1

如圖從★開始呈8字形走線，至箭頭處結束。

造型貝殼

SW水晶
（蛋白/6mm）

2

穿入玻璃小珠重疊在步驟1的上方，依走線於◆處結束。

小玻璃珠

◆

結束

3

用銅線將水滴琉璃連接上魚勾耳針即成。

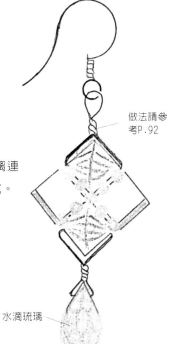

做法請參考P.92

水滴琉璃

27美麗佳人手鍊
Beauty's
Hand Chain

材料　　　　　　　　　　material

- ‧ 琉璃［8mm ／ 圓 ／ 灰］……7個
- ‧ 琉璃［8mm ／ 圓 ／ 黑］……6個
- ‧ 琉璃［6mm ／ 圓 ／ 白彩］……6個
- ‧ 玻璃珠［小 ／ 灰］……159個
- ‧ 魚線……100cm

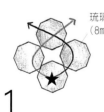

1
如圖從☆開始完成扣環後呈S形走線，至19的箭頭處。

2
再從19走線至17◆處結束。

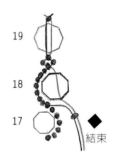

19
18
17
◆ 結束

19

18

17

16　玻璃珠（8mm/灰）

15

14　玻璃珠（6mm/白彩）

13

6　玻璃珠（8mm/黑）

5　小玻璃珠（灰）×5

4

3　小玻璃珠（灰）×7

2

1

★

小玻璃珠×20

28美麗佳人戒子
Beauty's Ring

材料　　　　　　　　　　material

- ‧ 爪鑽 6mm ……1個
- ‧ 琉璃［8mm ／ 圓 ／ 灰］……4個
- ‧ 玻璃珠［小 ／ 黑］……23個
- ‧ 玻璃珠［小 ／ 灰］……64個
- ‧ 魚線……60cm

1
如圖穿入4顆琉璃。

琉璃（8mm）

2
如圖穿入玻璃小珠交叉重疊在步驟1上，繼續以S形走線完成戒圍至◆處結束。

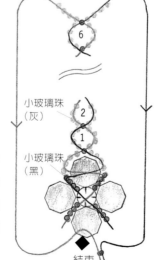

6

小玻璃珠（灰）
2
1
小玻璃珠（黑）

結束

28美麗佳人戒子
Beauty´s Ring

色□琉璃珠，非常□

透明款與檢細框□□□

玻璃珠與爪鑽的搭配，

將璀璨的□質感表露無遺

27美麗佳人手鍊

Beauty´s
Hand Chain

渾圓無暇的琉璃，圍裹著玻璃珠，

優雅中流露著低調的性感，

璀璨的奢華不再遙不可及。

Natural Stone Necklace

色彩繽紛,透明清新的各式天然半寶石,

顏色經過巧妙的配置,給人一股甜美的感覺。

戴上她似乎所有好事都會降臨。

30繽紛天然石耳環
Natural Stone Earrings

天然石的饗宴，流線的外型以及鮮豔的色澤，

配帶時十分搖曳生姿。

29續紛天然石項鍊

Natural Stone Necklace

材料　　　　　　　m a t e r i

- 造型草莓晶……1個
- 草莓晶［6mm／圓］……1個
- 草莓晶［3mm／圓］……1個
- 粉晶［8mm／不規則圓］……1個
- 白東菱石［6mm／圓］……1個
- 土耳其石［圓扁］……2個
- 珊瑚［6mm／圓］……2個
- 亞馬遜石……1個
- 東菱玉……1個
- 天然珍珠［6mm／白］……1個
- 天然珍珠［6mm／粉］……1個
- 天然珍珠［小米粒／粉］……2個
- 琉璃陶珠［淺綠］……1個
- 琉璃陶珠［霧綠］……1個
- 玻璃珠［小］……1個
- 銀飾花片……2個
- T針［2cm］……14個
- T針［4cm］……1個
- 問號扣頭……1個
- 延長鍊……1條

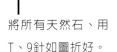

延長鍊

1

將所有天然石、用T、9針如圖折好。

土耳其石
圓扁×2

亞馬遜石
×1

白東菱玉
（6mm）

天然珍珠
×1

草莓晶
（6mm）
×1

霧綠
×1

淺綠
×1

東菱玉
×1

天然珍珠
（白）×1

珊瑚
（6mm）
×2

粉晶
不規則圓
（8mm）
×1

造型
草莓晶
×1

粉晶
（6mm）
×1

草莓晶
（3mm）
×1

問號扣頭

C圈

金屬鍊15cm

2

依圖的位置將天然石掛上金屬鍊，最後以C圈連接問號扣頭和延長鍊即完成。

30繽紛天然石耳環

Natural Stone Earrings

材 料   m a t e r i a l

- · 東菱玉［不規則橢圓］……2個
- · 亞馬遜石［碎］……2個
- · 土耳其石［碎］……4個
- · 珊瑚［碎石］……4個
- · 草莓晶［3mm圓］……2個
- · 天然珍珠［小米粒／白］……4個
- · 天然珍珠［小米粒／粉］……2個
- · 玻璃珠［小／米］……2個
- · 銀飾花片……2個
- · T針［3cmm］……14個
- · 魚線……50cm×2
- · 魚勾耳針……2個

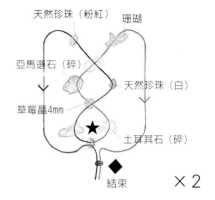

天然珍珠（粉紅）　珊瑚

亞馬遜石（碎）

天然珍珠（白）

草莓晶4mm

土耳其石（碎）

★

◆

結束　　×2

1 如圖從★開始呈8字形走線，穿入圖中所有天然石至◆處結束。

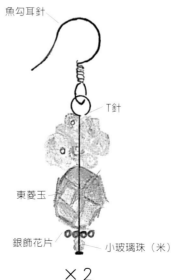

魚勾耳針

T針

東菱玉

銀飾花片

小玻璃珠（米）

×2

2 將T針穿入玻璃小珠、花片、東菱玉和步驟1，接上魚勾耳針即完成。

The Necklace of Turkish Love

波西米亞風項鍊，總是讓人想起異國的風情，

天藍色的土耳石與黑色瑪瑙的另類結合，

激盪出一生一世的浪漫愛情。

32土耳其之戀耳環
The Earrings of
Turkish Love

利用不同素材的珠珠，創造出流行時尚，

為經典的異國風情，

注入一股耐人尋味的獨特風格。

33土耳其之戀戒
The Earrings of
Turkish Love

以土耳其石為主角的戒子，

輕盈優雅的呈現出特別的風朵，

黑色瑪瑙與橢圓木珠的搭配，

融合現代時尚的精神，讓異國風情展現迷人的一面。

31土耳其之戀項鍊

The Necklace of Turkish Love

材料　　　　　　　material

- 瑪瑙［3mm圓／黑］……5個
- 瑪瑙［4mm圓／黑］……19個
- 土耳其石［4mm圓］……32個
- 土耳其石［6mm圓］……5個
- 木珠［橢圓］……5個
- 木珠［圓］……16個
- 造型珠［不規則］……18個
- 9針［3cm］……30個
- T針［2cm］……18個
- C圈……8個
- 問號扣頭……1個
- 魚線……50cm
- 延長鍊……1條
- 銅線……15cm

1

如圖穿入5個瑪瑙。

瑪瑙（3mm）

★開始

2

用步驟1的餘線呈8字形
編織，至◆處結束。

瑪瑙（4mm）

土耳其石

◆
結束

木珠

3

如圖將T針、9針做好。

延長鍊

C圈

同右

9針

T針

木珠／
土耳其石
（4mm）
×16

瑪瑙
（4mm）
×14

造型珠
×18

問號扣頭

4

將步驟3的珠子，如圖依
位置連接好，用C圈連接
上問號扣頭和延長鍊即
完成。

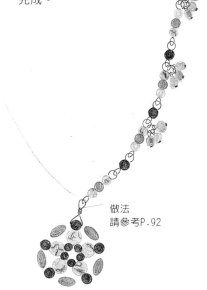

做法
請參考P.92

32 土耳其之戀耳環

The Earrings of Turkish Love

材料 　　　　　material

- ・瑪瑙［4mm圓／黑］……8個
- ・瑪瑙［3mm圓／黑］……10個
- ・土耳其石［8mm圓］……2個
- ・土耳其石［6mm圓］……8個
- ・木珠……8個
- ・造型珠……8個
- ・銅線……15cm×4條
- ・魚勾耳針……2個
- ・T針［2cm］……10個

1

如圖將T針、9針做好。

造型珠×8

土耳其石（8mm）／
瑪瑙（3mm）×2

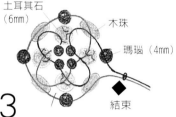

土耳其石
（6mm）

木珠

瑪瑙（4mm）

結束

2

如圖穿入4個琉璃。

瑪瑙（3mm）

開始

3

用步驟1的餘線呈8字形
編織，至◆處結束。

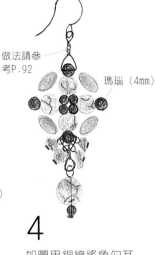

做法請參
考P.92

瑪瑙（4mm）

4

如圖用銅線將魚勾耳
針和造型石、土耳其
石連接好即完成。

33 土耳其之戀戒指

The Ring of Turkish Love

材料 　　　　　material

- ・瑪瑙［3mm圓／黑］……6個
- ・瑪瑙［4mm圓／黑］……2個
- ・土耳其石［6mm圓］……6個
- ・土耳其石［4mm圓］……2個
- ・木珠［橢圓］……6個
- ・木珠［圓］……4個
- ・玻璃珠［小／黑］……22個
- ・魚線……60cm

1

如圖從☆處
開始，呈8字
形走線至箭
頭處。

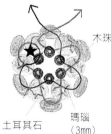

木珠

土耳其石
（6mm）

瑪瑙
（3mm）

2

如圖開始編織戒圍，依走線至
◆處結束。

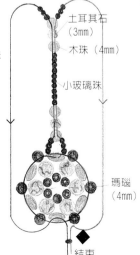

土耳其石
（3mm）

木珠（4mm）

小玻璃珠

瑪瑙
（4mm）

結束

Useful Tools

關於五金零件

五金零件在串珠飾品製作裡，是一般人比較陌生，且比較不常被拿來運用的。從T、9針、雙凸、扣頭，到造型多變的金屬裝飾珠，都能讓作品跳脫傳統，呈現出不同的風格。如銀色的金屬可展現出都會感，古銅和黑金的金屬，則帶著濃厚的復古氣味；將五金零件和串珠巧妙的搭配組合，絕對會讓作品展現出不同的風貌。

01問號扣頭	02金屬鍊	03C圈	04蜂巢胸針底座	05別針
06雙凸	07花帽蓋	08造型葉片	09魚勾耳針	10擋珠
11T針	129針	13古銅銀飾	14銅線	15延長鍊

製作串珠飾品一定要準備的工具包括：

1. T、9針尖嘴鉗：處理T、9針，夾扁擋珠及扭轉金屬線等用途。
2. 斜口鉗：剪斷較細的線，如魚線、金屬線和金屬鍊。
3. 鑷子：用來夾取珠子。
4. 鋸齒尖嘴鉗：剪斷較粗的金屬線。
5. 平口尖嘴鉗：夾扁擋珠、連接C圈和T、9針等。
6. 珠針：可視情況來固定末完品及方便拆線用。
7. 墊布：製作作品時，可墊一塊防止珠子滑動的墊布。

讓串珠飾品為造型加分

飾品配件在整體造型上，雖然居於配角，卻是凸顯個人品味的一大功臣。

同樣一件衣服，搭配不同飾品，會給人不一樣的感覺，而心情也會隨著當天的精心裝扮而大好。

以本書中的手作串珠飾品為例，建議上班族女性可選擇顏色單純、線條俐落的飾品；正式重要的場合，則以珍珠類和閃耀華麗的水晶類飾品搭配；甜蜜約會時，粉嫩色系的天然石飾品必能替戀情帶來好運；外出玩樂時，海洋色系造型活潑可愛的飾品，則會為一天帶來好心情。

當我們在搭配飾品之前，要先知道自己身體的優缺點：圓臉脖子較短的甜姊兒，建議可配帶Ｖ型項鍊墜或Ｙ字鍊較能修飾臉形。配帶戒指時，建議將手指修整齊且擦上淡色系指甲油，就更能為玉手加分。若想表現獨特品味時，西裝外套領子上或披巾上別個胸針，會讓你氣質出眾。此外，飾品若能套件搭配，更能表現出整體美。

Greek
Style Hand
Chain

貝殼材質藍色系的海洋風格手鍊，

利用木珠的穿針引線，

營造出充滿設計感的幾何風貌。

35希臘風情戒
Greek Style Ring

運用貝殼長珠、施華洛世奇水晶、木珠，

結合素材的不同及顏色的變化，

創造出另一種藍與白的希臘風情。

34 希臘風情手鍊

Greek Style
Hand Chain

材 料　　　　　　　material

- ·SW水晶 [4mm / 角 / 淺藍]……4個
- ·造型貝殼珠[4×8]……4個
- ·木珠 [圓]……8個
- ·玻璃珠 [小 / 淺藍]……28個
- ·玻璃珠 [小 / 乳白]……146個
- ·擋珠……2個
- ·雙凸……2個
- ·問號扣頭……1個
- ·魚線……80cm
- ·魚線……60cm
- ·延長鍊……1條

擋珠　　　　　　　　　問號扣頭

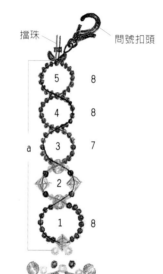

a

5　　8
4　　8
3　　7
2
1　　8

1

從 ★ 開始穿入玻
璃珠和貝殼珠。

2

接續步驟1的線如圖呈8字型
走線至箭頭處。

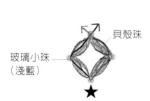

玻璃小珠
（淺藍）

貝殼珠

★

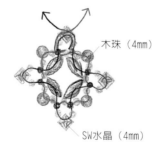

木珠（4mm）

SW水晶（4mm）

3

步驟2的餘線如圖呈8字型走線完成a部份，以
雙凸擋珠結尾連接上問號扣頭，b部份做法同
a，最後連接上延長鍊即完成。

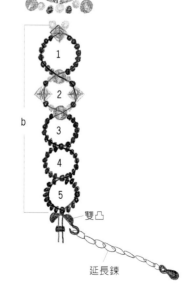

b

1
2
3
4
5

雙凸

延長鍊

35希臘風情戒指

Greek Style Ring

- SW水晶 [3mm / 角 / 淺藍]……14個
- 造型貝殼珠[4×8]……14個
- 木珠 [圓]……14個
- 玻璃珠 [小 / 淺藍]……28個
- 魚線……60cm

1

從★開始呈8字型走線在貝殼珠
交叉從1反覆到7直到前頭處。

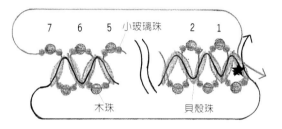

2

如圖在玻璃小珠和木珠中間
穿入SW水晶至◆處結束。

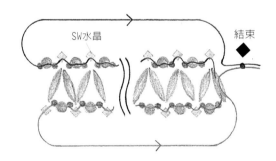

36芝麻翠玉耳環

Sesame Emerald earrings

古典華麗的年代，你是否也曾經迷戀過

那優雅的姿態，沉穩的芝麻翠玉石，

不規則的聯繫著黑色瑪瑙，搖擺出動人的樂章。

36芝麻翠玉耳環

Sesame Emerald earrings

材 料　　　　　　　　　material

- 芝麻翠玉……16個
- 琉璃 [5mm / 球面 / 黑]……4個
- 玻璃珠 [特小 / 黑]……16個
- T針 [2cm]……20個
- 金屬鍊……3cm×2條
- 金屬鍊……2.5cm×2條
- 魚勾耳針……2個

芝麻翠玉×16

琉璃水晶（5mm）×4

1

將芝麻翠玉用T針如圖做好16個，琉璃則做4個。

2

金屬鍊如圖尺寸裁剪連接上琉璃，用C圈將步驟1的芝麻翠玉、琉璃和金屬鍊、魚勾耳針連接好即可。

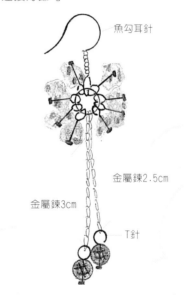

魚勾耳針

金屬鍊2.5cm

金屬鍊3cm

T針

37綠精靈之戀

The Ring of
Green Elf's love

天然石，運用綠與黃來配色，引燃人們無限活力與原始的聯想，

艷麗熱情的顏色組合彷彿嘉年華會一般燦爛熱鬧，

好像巴西這樣鮮明有力！

 37綠精靈之戀

The Ring of Green Elf's love

材料　　　　　　　　　material

- 綠橄欖 [碎]……18個
- 黃水晶 [碎]……20個
- SW水晶 [4mm / 角 / 淺咖啡]……8個
- SW水晶 [6mm / 角 / 橄欖綠]……2個
- 玻璃珠 [小 / 咖啡]……210個
- 擋珠……2個
- 雙凸……2個
- 問號扣頭……1個
- 魚線……100cm
- 延長鍊……1條

1

如圖從★開始走線至箭頭處。

橄欖石（碎）

★

2

如圖走線，依序穿入天然石和水晶完成主墜。

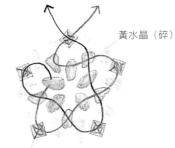

黃水晶（碎）

SW水晶（4mm）

3

接續2的線，如圖依序穿入珠子，最後用雙凸、擋珠結尾，連接上問號扣頭和延長鍊即完成。

延長鍊

黃水晶（碎）

橄欖石（碎）

SW水晶（4mm）

SW水晶（6mm）

黃水晶（碎）

SW水晶（4mm）

擋珠

雙凸

問號扣頭

小玻璃珠×20

小玻璃珠×15

小玻璃珠×10

小玻璃珠×10

小玻璃珠×10

小玻璃珠×10

小玻璃珠×10

小玻璃珠×10

小玻璃珠×10

38綠精靈戒指

The Ring of Green Elf's love

材 料　　　　　　　　material

- 橄欖石［碎］……9個
- 黃水晶［碎］……10個
- SW水晶［4mm / 角 / 淺咖啡］……5個
- 玻璃珠［小 / 咖啡］……57個
- 魚線……60cm

1

如圖從★開始走線
至箭頭處。

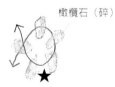

橄欖石（碎）

★

2

如圖呈8字形走線，
至箭頭處。

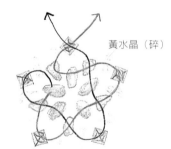

黃水晶（碎）

SW水晶（4mm）

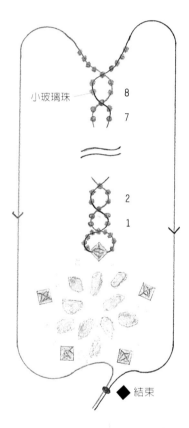

小玻璃珠

8

7

2

1

◆結束

3

接續步驟2的線完成
戒圍，至◆處結束。

The Fantastic Earrings

材 料　　　material

- ‧SW爪鑽水晶 [4mm ／ 白]……2個
- ‧琉璃 [4mm ／ 圓 ／ 淺紫]……8個
- ‧貓眼石 [6mm ／ 圓 ／ 紫]……8個
- ‧造型圓珠 [8mm ／ 葡萄紫]……2個
- ‧玻璃珠 [大 ／ 復古紫]……32個
- ‧玻璃珠 [小 ／ 復古紫]……4個
- ‧T針 [2cm]……2個
- ‧C圈……4個
- ‧魚勾耳針……2個
- ‧魚線……60cm×2

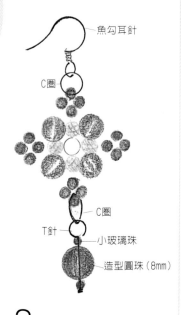

魚勾耳針

C圈

C圈

T針

小玻璃珠

造型圓珠（8mm）

1

如圖走線穿過貓眼石和琉璃，至箭頭處。

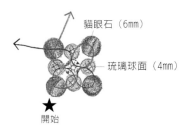

貓眼石（6mm）

琉璃球面（4mm）

★
開始

2

以單邊的線如圖迴穿玻璃大珠繞主體一周後和另一邊的線於◆處結束。

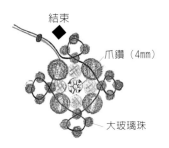

結束
◆

爪鑽（4mm）

大玻璃珠

3

用C圈連接魚勾耳針和造型圓珠即完成。

39夢幻迷情耳環
The Fantastic
Earrings

時而端莊優雅，時而熱情狂熱，

美麗的串珠飾品總是讓人展露出不同的樣貌，

紫色凸顯異國風的浪漫，美麗的貓眼石花朵在走動之間搖曳生姿，

看來更顯風情十足。

40拜占庭華麗項鍊
Gracious
Byzantine
Necklace

土耳其藍搭配紅色瑪瑙、鮮豔強烈的用色、

細膩精緻的串聯技術，感覺十分大器搶眼，

黑色管珠與各式天然石所串成的項鍊條，

不但漂亮更是整體搭配上的重點。

40拜占庭華麗項鍊

Gracious Byzantine Necklace

材 料

material

- · 土耳其石［8mm / 圓］……1個
- · 土耳其石［6mm / 圓 ］……4個
- · 土耳其石［4mm / 圓 ］……2個
- · 瑪瑙［6mm / 圓 / 紅］……2個
- · 瑪瑙［4mm / 圓 / 紅］……10個
- · 瑪瑙［6mm / 圓 / 黑］……2個
- · 瑪瑙［4mm / 圓 / 黑］……4個
- · 玻璃珠［大 / 黑］……24個
- · 管珠［1分 / 黑］……160個
- · 擋珠……2個
- · 雙凸……2個
- · 問號扣頭……1個
- · 魚線……100cm
- · 魚線……60cm
- · 延長鍊……1條

2

穿入主石土耳其石
至◆處結束完成項
鍊墜。

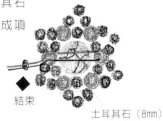

◆
結束

土耳其石（8mm）

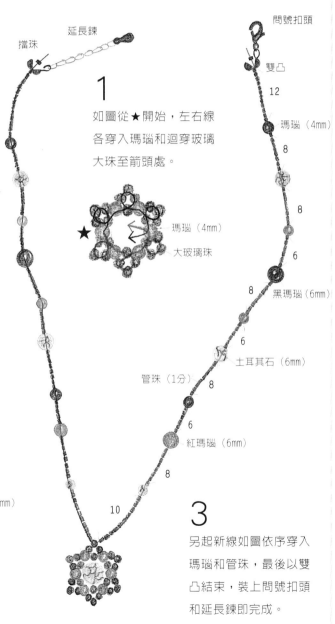

擋珠　延長鍊

1

如圖從★開始，左右線
各穿入瑪瑙和迴穿玻璃
大珠至箭頭處。

★　　　瑪瑙（4mm）

大玻璃珠

問號扣頭

雙凸

12

瑪瑙（4mm）

8

8

6

8　黑瑪瑙（6mm）

6

土耳其石（6mm）

管珠（1分）　8

6

紅瑪瑙（6mm）

8

10

3

另起新線如圖依序穿入
瑪瑙和管珠，最後以雙
凸結束，裝上問號扣頭
和延長鍊即完成。

41秋之饗宴戒指
The Ring of Autumn Banquet

材料　　　　　　material

- ・SW水晶［6mm角 ／ 黑］……4個
- ・造型貝珠［鐵灰］……6個
- ・玻璃珠［小 ／ 黑］……4個
- ・玻璃珠［小 ／ 復古灰］……73個
- ・魚線……60cm

造型
貝珠

SW水晶（6mm）

1 如圖從★開始
呈8字形走線
至箭頭處。

★

2 將小玻璃珠呈8字形
交叉走線重疊在步
驟1上如圖編織，至
箭頭處。

小玻璃珠
（復古灰）

3 如圖8字形走線從1
至5完成戒圍，再穿
回第一顆水晶至◆
處完成。

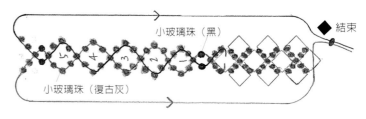

小玻璃珠（黑）

◆結束

小玻璃珠（復古灰）

42秋之饗宴耳環
The Earring of Autumn Banquet

材料　　　　　　material

- ・SW水晶［6mm角 ／ 黑］……4個
- ・造型貝珠……4個
- ・水滴琉璃［黑］……2個
- ・玻璃珠［小 ／ 復古色］……18個
- ・黑銅線……15cm×4條
- ・魚勾耳針［黑］……2個
- ・魚線……50cm×2條

SW水晶（6mm）

造型
貝珠

1 如圖從☆開始
呈8字形走線至
箭頭處。

★

小玻璃珠
（黑）

◆
結束

2 將小玻璃珠呈8字形
交叉走線重疊在步
驟1上，至箭頭處。

3 如圖S形走線至完成
5，再穿回第一顆水晶
至◆處完成。

魚勾耳針

做法請參
考P.92

黑銅線

水滴琉璃

42秋之饗宴耳環

The Earring of Autumn Banquet

串珠飾品的多元化，總是能輕易

打造個人風格，垂吊式耳環，

具有令人愉悅的活潑與年輕感，

展現女性風采。

41秋之饗宴戒指

The Ring of Autumn Banquet

灰色的造型貝殼，為冬天揭開了序幕，

施華洛世奇水晶珠更是宣示極美材質最直接的方法，

深淺不同的相同色調，

素材大小不一的絕美搭配，大膽展現迷人魅力。

43奔放年華耳環

The Earring of Galloping Times

色彩活潑的天然石串珠最是熱門，土耳其石，

瑪瑙，珍珠，綠橄欖石，融合大地風采與純真性感，

盡情地引燃奔放自由的節奏。

43奔放年華耳環

The Earring of Galloping Times

材 料　　　　　　material

- · 土耳其石 [3mm / 圓]……4個
- · 瑪瑙 [6mm / 圓 / 紅]……2個
- · 天然珍珠 [3mm / 白]……2個
- · 橄欖石 [碎]……6個
- · 銅線……30cm×2條
- · 魚勾耳針 ……2個

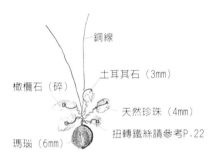

銅線

橄欖石（碎）　　土耳其石（3mm）

天然珍珠（4mm）

扭轉鐵絲請參考P.22

瑪瑙（6mm）

魚勾耳針

製作方法請參考P.92

1

用鋁線先扭轉瑪瑙後再將其餘天然石如圖扭轉好。

2

將2條鋁線一起穿入橄欖石。

3

做好鋁線結尾後，裝上魚勾耳針即可。

The Ring of Romantic Violet

材料　　　　　　　　material

- ・天然珍珠［6mm／粉紅］……2個
- ・SW水晶［4mm角／白］……4個
- ・造型琉璃［10mm／紫］……1個
- ・玻璃珠［小／紫］……18個
- ・紫水晶［碎］……8個
- ・鐵絲［細］……15cm×4條
- ・魚勾耳針……2個
- ・魚線……60cm

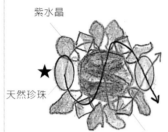

紫水晶

天然珍珠

SW水晶（4mm）

1

如圖穿入天然珍珠和紫水晶至箭頭處。

2

繞戒面一周後呈8字形走線，穿入玻璃小珠至◆處結束。

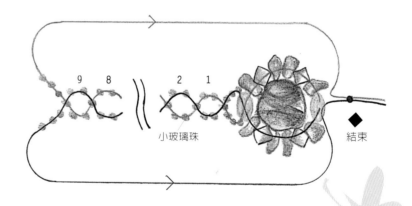

9　8　　2　1

小玻璃珠　　　　結束

The Ring of Romantic Violet

以天然珍珠傳達高貴、奢華及純淨的感官享受，

跳脫傳統以單一珠飾為創作重點的想法，

不僅可襯托出女性化的柔美氣質，

更讓人宛如置身多朵多姿的美麗花園。

基礎的串珠技巧，一定要學會！

魚線編織技術、T、9針的製作，金屬線和五金零件的運用都是製作串珠的基本，
一定要好好的練習，才能製作出精巧的各式串珠飾品。

C圈製作

1.雙手各持一個尖嘴
鉗，朝前後方向打
開。

2.再朝前後方向將缺
口合緊。

雙凸結尾處理

1.作品結束後，先穿
入雙凸再穿入擋珠，
以平口尖嘴鉗夾住，
往雙凸裡推進，夾扁
固定。

2.擋珠固定後，以平
口尖嘴鉗將雙凸合
緊。

T/9針製作

1.T/9針穿過珠子後，
先在珠子的上方折90°
直角，於約0.8cm處剪
斷。

2.用尖嘴鉗夾住9針的
前方，折成圓形。

3.移動鉗子慢慢將圓
形接合。

金屬線結尾處理

1.用尖嘴鉗夾住金屬
線，將單邊線纏住另
一邊。

2.如螺旋狀纏繞約3、
4圈。

3.以斜口鉗剪掉餘
線。

魚線基礎編織

A.直線編織

1.一手拿魚線一手慢慢將珠子個別穿入。

2.陸續穿入珠子使成直線。

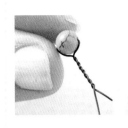

扭轉金屬線

1.金屬線穿入珠子後,將金屬線扭轉成麻花狀。

2.先做金屬線結尾處理後加入珠子,再以同樣的結尾處理完成金屬線連結。

B.8字形編織

1.先穿入4顆珠子,將單邊的線再從第4顆珠子呈交叉穿入。

2.左右各穿入1顆珠子,再加1顆珠子完成交叉。

3.如上圖依序反覆。

C.迴穿編織

1.穿入第4顆珠子後,再繞回第1顆珠子的下方穿出。

D.結尾處理

1.先打一個平結。

3.將打好結的任一端魚線穿入鄰珠,結眼拉入鄰珠內。

朱雀文化 和你快樂品味生活

北市基隆路二段13-1號3樓　　http://redbook.com.tw　　TEL：2345-3868　　FAX：2345-3828

LIFESTYLE系列 　時尚生活

LifeStyle001 築一個咖啡館的夢 劉大紋等著 定價220元
LifeStyle002 到買一件好脫的衣服東京逛街 季　衣著 定價220元
LifeStyle004 記憶中的味道 楊　明著 定價200元
LifeStyle005 我用一杯咖啡的時間想你 何承穎著 定價220元
LifeStyle006 To be a 模特兒 藤野花著 定價220元
LifeStyle008 10萬元當頭家──22位老闆傳授你小吃的專業知識與技能 李靜宜著 定價220元
LifeStyle009 百分百韓劇通──愛戀韓星韓劇全記錄 單　莙著 定價249元
LifeStyle010 日本留學DIY──輕鬆實現留日夢想 廖詩文著 定價249元
LifeStyle011 風景咖啡館──跟著咖啡香，一站一站去旅行 鍾文萍著 定價280元
LifeStyle012 峇里島小婦人週記 峇里島小婦人著 定價249元
LifeStyle013 去他的北京 費工信著 定價250元
LifeStyle014 愛慾‧秘境‧新女人 麥慕貞著 定價220元
LifeStyle015 安琪拉的烘培廚房 安琪拉著 定價250元
LifeStyle016 我的夢幻逸品 鄭德音等合著 定價250元
LifeStyle017 男人的堅持 PANDA著 定價250元
LifeStyle018 尋找港劇達人──經典&熱門港星港劇全紀錄 羅生門著 定價250元

MAGIC系列 　魔法書

MAGIC001 小朋友髮型魔法書 高美燕著 定價280元
MAGIC002 漂亮美眉髮型魔法書 高美燕著 定價250元
MAGIC003 化妝の初體驗 藤野花著 定價250元
MAGIC004 6分鐘泡澡瘦一身──70個配方，讓你更瘦、更健康美麗 楊錦華著 定價280元
MAGIC006 我就是要你瘦──326公斤的真實減重故事 孫崇發著 定價199元
MAGIC007 精油魔法初體驗──我的第一瓶精油 李淳廉編著 定價230元
MAGIC008 花小錢做個自然美人──天然面膜、護髮護膚、泡湯自己來 孫玉銘著 定價199元
MAGIC009 精油瘦身美顏魔法 李淳廉著 定價230元
MAGIC010 精油全家健康魔法──我的芳香家庭護照 李淳廉著 定價230元
MAGIC011 小布花園 LOVE!BLYTHE 黃愷榮著 定價450元
MAGIC012 開店省錢裝修王──成功打造你的賺錢小舖 唐　芩著 定價350元
MAGIC013 費莉莉的串珠魔法書──半寶石‧璀璨‧新奢華 費莉莉著 定價380元

PLANT系列 　花葉集

PLANT001 懶人植物──每天1分鐘，紅花綠葉一點通 唐　芩著 定價280元
PLANT002 吉祥植物──選對花木開創人生好運到 唐　芩著 定價280元
PLANT003 超好種室內植物──簡單隨手種，創造室內好風景 唐　芩著 定價280元
PLANT004 我的香草花園──中西香氛植物精選 唐　芩著 定價280元
PLANT005 我的有機菜園──自己種菜自己吃 唐　芩著 定價280元

🍅 朱雀文化 和你快樂品味生活

Cook50系列　　基 礎 廚 藝 教 室

COOK50050　咖哩魔法書——日式・東南亞・印度・歐風＆美食・中式60選　徐招勝著 定價300元
COOK50051　人氣咖啡館簡餐精選——80道咖啡館必學料理　洪嘉妤著 定價280元
COOK50052　不敗的基礎日本料理——我的和風廚房　蔡全成著 定價300元
COOK50053　吃不胖甜點——減糖・低脂・真輕盈　金一鳴著 定價280元
COOK50054　在家釀啤酒Brewers' Handbook——啤酒DIY和啤酒做菜　錢　薇著 定價320元
COOK50055　一定要學會的100道菜——餐廳招牌菜在家自己做　蔡全成・李建錡著 特價199元
COOK50056　南洋料理100——最辛香酸辣的東南亞風味　趙柏淯著 定價300元
COOK50057　世界素料理100——5分鐘簡單蔬果奶蛋素　洪嘉妤著 定價300元
COOK50058　不用烤箱做點心——Ellson的快手甜點　王申長著 定價280元
COOK50059　低卡也能飽——怎麼也吃不胖的飯、麵、小菜和點心　傅心梅蜜訂　蔡全成著　定價280元
COOK50060　自己動手醃東西——365天醃菜、釀酒、做蜜餞　蔡全成著 定價280元
COOK50061　小朋友最愛吃的點心——5分鐘簡單廚房，好做又好吃！　林美慧著 定價280元
COOK50062　吐司、披薩變變變——超簡單的創意點心大集合　夢幻料理長Ellson＆新手媽咪Grace著 定價280元
COOK50063　男人最愛的101道菜——超人氣夜市小吃在家自己做　蔡全成・李建錡著 特價199元
COOK50064　養一個有機寶寶——6個月～4歲的嬰幼兒副食品、創意遊戲和自然清潔法　唐　芩著 特價280元
COOK50065　懶人也會做麵包——一下子就OK的超簡單點心！　梁淑嫈著 特價280元

TASTER系列　　吃吃看流行飲品

TASTER001　冰砂大全——112道最流行的冰砂　蔣馥安著 特價199元
TASTER002　百變紅茶——112道最受歡迎的紅茶・奶茶　蔣馥安著 定價230元
TASTER003　清瘦蔬果汁——112道變瘦變漂亮的果汁　蔣馥安著 特價169元
TASTER004　咖啡經典——113道不可錯過的冰熱咖啡　蔣馥安著 定價280元
TASTER005　瘦身美人茶——90道超強效減脂茶　洪依蘭著 定價199元
TASTER007　花茶物語——109道單方複方調味花草茶　金一鳴著 定價230元
TASTER008　上班族精力茶——減壓調養、增加活力的嚴選好茶　楊錦華著 特價199元
TASTER009　纖瘦醋——瘦身健康醋DIY　徐因著 特價199元
TASTER010　懶人調酒——100種最受歡迎的雞尾酒　李佳紋著 特價199元

QUICK系列　　快手廚房

QUICK001　5分鐘低卡小菜——簡單、夠味、經典小菜113道　林美慧著 特價199元
QUICK002　10分鐘家常快炒——簡單、經濟、方便菜100道　林美慧著 特價199元
QUICK003　美人粥——纖瘦、美顏、優質粥品65道　林美慧著 定價230元
QUICK004　美人的蕃茄廚房——料理・點心・果汁・面膜DIY　王安琪著 特價169元
QUICK005　懶人麵——涼麵、乾拌麵、湯麵、流行麵70道　林美慧著 特價199元
QUICK006　CHEESE！起司蛋糕——輕鬆做乳酪點心和抹醬　日出大地著 定價230元
QUICK007　懶人鍋——快手鍋、流行鍋、家常鍋、養生鍋70道　林美慧著 特價199元
QUICK008　義大利麵・焗烤——義式料理隨手做　洪嘉妤著 特價199元
QUICK009　瘦身沙拉——怎麼吃也不怕胖的沙拉和瘦身食物　郭玉芳著 特價199元
QUICK010　來我家吃飯——懶人宴客廚房　林美慧著 特價199元
QUICK011　懶人焗烤——好做又好吃的異國烤箱料理　王申長著 特價199元
QUICK012　懶人飯——最受歡迎的炊飯、炒飯、異國風味飯70道　林美慧著 特價199元
QUICK013　超簡單醋物・小菜——清淡、低卡、開胃　蔡全成著 定價230元
QUICK014　懶人烤箱菜——焗烤、蔬食、鮮料理，聰明搞定　梁淑嫈著 特價199元
QUICK015　5分鐘涼麵・涼拌菜——低卡開胃纖瘦吃　趙柏淯著 特價199元

國家圖書館出版品預行編目資料

費莉莉的串珠魔法書——半寶石‧璀璨‧新奢華/
費莉莉作.— 初版 —
臺北市：朱雀文化, 2005[民94]
　面：　　公分. —(Magic：013)
ISBN 986-7544-60-9 (平裝)
1.編結　2.裝飾品

426.4　　　　　　　　　　　　　94024091

Magic013

Bead Creations費莉莉的串珠魔法書
——半寶石‧璀璨‧新奢華

作者	費莉莉
設計圖繪製	費莉莉
攝影	余文仁
文字編輯	賽璐璐
文案&校稿	Jennifer wu
美術編輯	梅亞軍
企畫統籌	李　橘
發行人	莫少閒
出版者	朱雀文化事業有限公司
地址	北市基隆路二段13-1號3樓
電話	2345-3868
傳真	2345-3828
劃撥帳號	19234566 朱雀文化事業有限公司
e-mail	redbook@ms26.hinet.net
網址	http:// redbook.com.tw
總經銷	展智文化事業股份有限公司
ISBN	985-7544-60-9
初版一刷	2005.12
定價	380元
出版登記	北市業字第1403號

感謝
生活工場/陽明山發現花園餐廳/龍君兒2005佈貓創意飲食空間
拍攝道具及場地提供

Information

書中作品材料包購買須知

　本書材料包，由費莉莉串珠飾品設計公司販售，有關成品、材料包販售訂購、教學課程等，詳情請上費莉莉串珠網站 www.lilyfei.com。

材料包注意事項

　材料包內不含製作說明圖，做法請參考本書。

購買方法

1、費莉莉網站串珠商店 www.lilyfei.com。
2、傳真訂購（請自行放大後頁傳真訂購單填寫訂購）。

費莉莉串珠飾品設計有限公司
台北市士林區中正路236巷34號1樓
Tel：(02)2838-2219
Fax：(02)2838-2219
Email：beadsshop@lilyfei.com
網站：http://www.lilyfei.com

訂購須知

1、天然石及天然珍珠為天然礦物質生成，顏色和形狀會略有差異。
2、書中作品材料所使用的特殊造型珠子或天然石等素材，均經嚴格篩選且數量有限，若遇短缺時將另行電話通知。
3、實品因攝影狀況、印刷，顏色會有些差異，請以實品為主。
4、如訂購商品數量短缺或有不良品（破損等）時，經確認後可更換正常品。
5、訂購商品如未滿NT1,000元者，需自付郵資100元。
6、接獲訂單後，會以電郵或電話回覆並確認訂單，訂購之商品會在7個工作天內寄出。

費莉莉串珠飾品教學教室

　獨樹一格的飾品設計，專業的串珠教學課程。

　入門班、進階課程班、講師養成班、配色設計班陸續開課中，詳情請上網站 www.lilyfei.com 或聯絡教室電話。

作品名稱	材料包價格	作品名稱	材料包價格	作品名稱	材料包價格
01 發現花園項鍊	850	16 晶炫琉璃項鍊	650	31 土耳其之戀項鍊	630
02 發現花園戒指	520	17 古典奢華風耳環	480	32 土耳其之戀戒	390
03 彩橙風華項鍊	1320	18 秋之漫舞項鍊	1100	33 土耳其之戀耳環	420
04 彩橙風華耳環	660	19 秋之漫舞耳環	320	34 希臘風情戒指	430
05 浪漫邱比特胸針	520	20 時尚經典胸針	620	35 希臘風情手鍊	420
06 奢華巴洛克戒指	440	21 紫色魔戀	490	36 芝麻翠玉耳環	410
07 古典巴洛克戒指	450	22 紫色魔戒	360	37 綠精靈之戀	590
08 神秘巴洛克戒指	470	23 花之舞鍊	580	38 綠精靈戒指	390
09 雅漾手錶	1600	24 花之舞戒	320	39 夢幻迷情耳環	420
10 星心項鍊	660	25 仙度瑞拉項鍊	630	40 拜占庭華麗項鍊	430
11 維多利亞復古戒	400	26 仙度瑞拉耳環	410	41 秋之饗宴戒指	480
12 維多利亞浪漫戒	420	27 美麗佳人手鍊	450	42 秋之饗宴耳環	440
13 神秘民族風項鍊	650	28 美麗佳人戒指	310	43 奔放年華耳環	360
14 愛鍊土耳其	680	29 繽紛天然石項鍊	620	44 浪漫紫羅蘭戒指	430
15 晶炫琉璃戒指	480	30 繽紛天然石耳環	430		

活動辦法：
剪下本書的活動截角（影印無效），並與商品訂購單（請務必將付款方式填寫清楚，以方便作業），一同寄回到北市士林區中正路236巷34號　費莉莉串珠飾品設計有限公司收，即享有購買材料包「抵現金50元」，並享有「9折會員」折扣，每張活動截角限使用一次，活動至95/3/31郵戳為憑。

費莉莉串珠飾品設計 商品訂購單

填單日期： 年 月 日

<table>
<tr><td rowspan="4">訂購資料</td><td>訂購人姓名</td><td colspan="3"></td></tr>
<tr><td>身份證字號</td><td colspan="2"></td><td>Email</td></tr>
<tr><td>聯 絡 電 話</td><td colspan="3">（日） （夜） （行動）</td></tr>
<tr><td>地 址</td><td colspan="3"></td></tr>
</table>

<table>
<tr><td rowspan="3">送貨資料</td><td colspan="2">□同訂購人者請打勾，收件人資料免填。</td></tr>
<tr><td colspan="2">收件人姓名： 收件地址：</td></tr>
<tr><td colspan="2">聯 絡 電 話：（日） （夜） （行動）</td></tr>
</table>

<table>
<tr><td rowspan="7">商品訂購資料</td><td>商 品 項 目</td><td>售 價</td><td>數 量</td><td>金 額</td></tr>
<tr><td></td><td></td><td></td><td></td></tr>
<tr><td></td><td></td><td></td><td></td></tr>
<tr><td></td><td></td><td></td><td></td></tr>
<tr><td></td><td></td><td></td><td></td></tr>
<tr><td colspan="3" align="right">小計</td><td></td></tr>
<tr><td colspan="3" align="right">（×9折會員價）=總金額</td><td></td></tr>
</table>

付 款 方 式

<table>
<tr><td rowspan="4">□
ATM
轉
帳</td><td colspan="2">至任一自動提款機(ATM)轉帳付款，轉帳單據連同訂購單一併回傳。</td></tr>
<tr><td rowspan="2">轉 帳 資 料</td><td>銀行代碼：xxxxxxx 帳號：xxxxxxx</td></tr>
<tr><td>戶 名：xxxxxxx</td></tr>
<tr><td colspan="2">請註明轉出帳號之後五碼：</td></tr>
</table>

<table>
<tr><td rowspan="4">□
信
用
卡
轉
帳</td><td>持卡人姓名</td><td colspan="3">（信用卡持卡人與訂購人必須為同一人）</td></tr>
<tr><td>信用卡卡號</td><td colspan="2"></td><td>信用卡有效日</td></tr>
<tr><td>發 卡 銀 行</td><td>卡 片 種 類</td><td colspan="2">□ VISA □ MASTER □ 其他 _____</td></tr>
<tr><td>信用卡簽名</td><td colspan="2">卡片背面末三位識別碼</td><td></td></tr>
</table>

1. 本人同意將以上所填寫之個人資料提供於本次交易，依照信用卡使用約定按所示金額付款予發卡銀行。
2. 商品若有瑕疵，請於七天內辦理退換貨。退換貨時須保持商品原包裝及發票，否則恕難辦理。
3. 為保障貨品正確送達，請以正楷填寫清楚，並回傳至訂購傳真專線：(02)2838-2219。
   如有訂購相關問題，請洽客服專話：(02) 2838-2219。（客服時間：9:30 am～5:30 pm）

折抵現金50元
+
9折會員